BEI GRIN MACHT SICH IHR WISSEN BEZAHLT

- Wir veröffentlichen Ihre Hausarbeit,
  Bachelor- und Masterarbeit

- Ihr eigenes eBook und Buch -
  weltweit in allen wichtigen Shops

- Verdienen Sie an jedem Verkauf

Jetzt bei www.GRIN.com hochladen
und kostenlos publizieren

Veit Trübenbach

Dokumentation und Bewertung von Monitoringverfahren für kleine und mittelgroße Raubsäuger

GRIN Verlag

Bibliografische Information der Deutschen Nationalbibliothek:

Die Deutsche Bibliothek verzeichnet diese Publikation in der Deutschen National-
bibliografie; detaillierte bibliografische Daten sind im Internet über http://dnb.d-
nb.de/ abrufbar.

Impressum:

Copyright © 2012 GRIN Verlag, Open Publishing GmbH
Druck und Bindung: Books on Demand GmbH, Norderstedt Germany
ISBN: 978-3-656-26419-4

Dokumentation und Bewertung von Monitoringverfahren für kleine und mittelgroße Raubsäuger

Inhalt

Einleitung

Sowohl beim Iltis (*Mustela putorius)* als auch beim Baummarder (*Martes martes*) handelt es sich um Arten der Flora-Fauna-Habitat-Richtlinie (FFH-Richtlinie). Beide sind in Anhang V aufgeführt und damit Arten von gemeinschaftlichem Interesse mit Bezugsraum Europäische Union. Unter der Voraussetzung, dass ein günstiger Erhaltungszustand besteht, können demnach beide Arten bejagt werden. Gemäß Artikel 14 der Richtlinie muss diese Entnahme jedoch durch besondere Maßnahmen – beispielsweise die Festsetzung von Entnahmequoten oder Schonzeiten – geregelt werden. Zuallererst muss jedoch festgestellt werden, ob ein solcher günstiger Erhaltungszustand überhaupt gegeben ist. Um dies beurteilen zu können, muss die jeweilige Art des Interesses hinsichtlich Verbreitung, Häufigkeit und Dichte erfasst werden, wodurch sich wiederum beispielsweise Aussagen über Bestandstrends treffen lassen (BFN 2011:o.S.).

Ein solches Monitoringsystem ist demzufolge auch für Baummarder und Iltis einzurichten. Grundlage hierfür sind jedoch adäquate Methoden, mit denen sich die Arten überhaupt erfassen lassen. Aufzuzeigen, welche Methoden zum Monitoring von Tierarten - speziell von kleinen bis mittelgroßen Raubsäugern - angewandt werden, ist Ziel der vorliegenden Arbeit. Es kann jedoch kein Anspruch darauf erhoben werden, dass die aufgeführten Verfahren allesamt und ohne Weiteres auf Baummarder und Iltis übertragbar sind. Vielmehr soll ein Überblick gegeben werden, welche Methoden existieren, für welche Art von Anwendung sie zu gebrauchen sind oder schon genutzt wurden und wo deren Vor- bzw. Nachteile liegen.

Einleitend sollen das Rahmenprojekt der vorliegenden Projektarbeit vorgestellt sowie Informationen zu FFH-Monitoring gegeben werden. Anschließend sollen die beiden Arten, die im Fokus des Rahmenprojektes stehen, kurz charakterisiert werden. Im Hauptteil der Arbeit werden die Methoden zur Erfassung der Verbreitung und der Häufigkeiten vorgestellt und näher beleuchtet. Abschließend soll die Arbeit zusammengefasst werden.

1 Rahmenprojekt und FFH-Monitoring

Nachfolgend sollen Hintergrundinformationen gegeben werden zum Monitoring gemäß der FFH-Richtlinie und zum Rahmenprojekt, welchem die vorliegende Arbeit zugehörig ist.

1.1 Monitoring gemäß der FFH-Richtlinie

Durch die FFH-Richtlinie werden die Mitgliedsstaaten der EU verpflichtet, den Erhaltungszustand von Lebensraumtypen und Arten von europäischem Interesse zu Überwachen. Die Bundesrepublik Deutschland hat sich aus diesem Grund in einem mehrjährigen Abstimmungsprozess auf ein bundesweites Monitoringkonzept geeinigt. Kriterien, um den Erhaltungszustand von Arten beurteilen zu können, sind die Größe des Verbreitungsgebiets, die Populationsgröße, die Größe des Lebensraumes sowie die Zukunftsaussichten, welche die Gefährdungen, Beeinträchtigungen und langfristige Überlebensfähigkeit der Art berücksichtigen.

Das Monitoring soll mit länderübergreifend kompatiblen Erfassungsmethoden und abgestimmten Zählgrößen durchgeführt und die Ergebnisse nach operationalisierten und angepassten Bewertungsschemata evaluiert werden. Diese Bewertung sowie die vorangehende Methodenabstimmung und Datenzusammenführung erfolgen auf nationaler Ebene durch das Bundesamt für Naturschutz (BfN), für die Umsetzung des Monitoring selbst sind die Bundesländer zuständig. Anhang V-Arten werden über Experteneinschätzung bewertet. In welchen Zeitabständen die Erhebungen jeweils durchgeführt werden, ist art- bzw. lebensraumspezifisch festgelegt. Arten mit stärkeren Bestandschwankungen sollten hierbei öfter erfasst werden als weniger dynamische. Ein weiterer Eckpunkt des Monitoringkonzeptes ist die Möglichkeit, für bestimmte Arten auf bestehende Monitoringsysteme zurückgreifen zu können. Beispiele hierfür sind die Erfassung der FFH-Fischarten im Rahmen der Wasserrahmenrichtlinie oder das Luchsmonitoring der Länder.

Aktuell werden in Abstimmung mit den Länderfachbehörden unter anderem noch fehlende Bewertungsschemata zu Arten und Lebensraumtypen erarbeitet sowie Datenbanken zur Eingabe und Auswertung der Monitoringdaten aufgebaut (BfN 2010:o.S.).

1.2 Rahmenprojekt

Die Grundlage bzw. den äußeren Rahmen der vorliegenden Arbeit stellt das Projekt "Systematische Erfassung von Baummarder und Iltis in Deutschland als Grundlage für ein praktikables Monitoring" dar.

1.2.1 Auftraggeber, Finanzierung und Laufzeit

Es ist ein Gemeinschaftsprojekt der Universitäten Dresden und Kiel sowie des Landesjagdverbands Schleswig-Holstein. Finanzielle Unterstützung erhält das Programm, das im Mai 2011 begann und im Dezember 2013 enden soll, maßgeblich von der Bundesanstalt für Landwirtschaft und Ernährung und dem Deutschen Jagdschutzverband e.V.

1.2.2 Projektziel

Ziel des Projektes ist es, Möglichkeiten zu finden, ein großflächiges Monitoring für die beiden scheuen und meist nachtaktiven Arten Baummarder und Iltis zu realisieren. Hierdurch soll es möglich werden, beide Spezies aus Sicht des Artenschutzes bezüglich ihrer Populationsgrößen bewerten zu können, wofür genaue Daten zu Vorkommen und Bestand unabdingbar sind. Desweiteren soll so das bislang relativ geringe Wissen um Verhalten und Sozialsysteme der Arten vertieft werden.

Um das Ziel zu erreichen, praxistaugliche und bezahlbare Methoden für ein späteres umfassendes Monitoring zu finden, sollen ebendiese im Rahmen des Projekts erprobt und evaluiert werden. Die zukünftig dadurch ermöglichte Quantifizierung der Raubsäuger gilt als Bewertungsgrundlage, was die Bejagung beider Arten angeht. Diese kann aufgrund der unzureichenden Kenntnis der Populationsgrößen zurzeit noch in Frage gestellt werden.

1.2.3 Untersuchungsgebiet und Methodik

Zur Erprobung der Methoden wurden verschiedene Untersuchungsgebiete gewählt, wobei von der TU Dresden ein für Ostdeutschland repräsentatives und in Mecklenburg-Vorpommern gelegenes Testgebiet bearbeitet wird. Dieses Gebiet gliedert sich in mehrere Waldgebiete unterschiedlicher Ausdehnung. Dort sollen Teilpopulationen vollständig telemetrisch, also durch Besenderung, überwacht (Abb.1) und die weiteren

Monitoringverfahren getestet und bewertet werden. Auch Daten anderer in die Fallen geratener Raubsäugerarten sollen gesammelt werden (SCHEIBNER 2011: o.S.; LANDESJAGDVERBAND SCHLESWIG-HOLSTEIN E.V. o.J., o.S.).

Abb.1: Baummarder mit Telemetriehalsband
(Quelle: LANDESJAGDVERBAND SCHLESWIG-HOLSTEIN E.V. o.J., o.S.)

2 Artensteckbriefe

Im folgenden Kapitel werden die beiden Marderarten, die Thema des Rahmenprojektes sind, kurz beschrieben. Für beide Arten ist in diversen Quellen nachzulesen, dass sie als wenig untersucht gelten. Dies betrifft sowohl ihr Verbreitungsgebiet bzw. Vorkommen als auch verschiedene Aspekte der Lebensweise und ihres Verhaltens (GÖRNER & HACKETHAL 1988; SIMON & STIER 2005; SIMON et al. 2005a). Daraus ergibt sich die Notwendigkeit eines flächendeckenden Monitorings.

Kapitel 2.1 bezieht sich auf die Ausführungen von SIMON & STIER (2005), GÖRNER & HACKETHAL (1988:286ff.) sowie STUBBE & KRAPP (1993a:374ff.), Kapitel 2.2 auf Literatur von SIMON et al. (2005a), GÖRNER & HACKETHAL (1988:280f.) und STUBBE & KRAPP (1993b:699ff.).

2.1 Baummarder *(Martes Martes)*

Der etwa katzengroße Baummarder (Abb.1) ähnelt dem Steinmarder (Martes foina), besitzt jedoch eine kastanienbraune Grundfärbung und ist insgesamt schlanker und höher gebaut als dieser. Charakteristisch ist außerdem der dotter- bis rötlichgelbe

Kehlfleck, der am Rand meist fleckenartig aufgelöst ist und nicht bis zu den Vorderbeinen herab reicht. Die Sohlen der Füße und Zehen des Baummarders sind entgegen denen des Steinmarders im Winter behaart. Baummarder besitzen einen buschigen Schwanz von etwa halber Kopfrumpflänge. Die Fähen sind etwas kleiner als ihre männlichen Artgenossen.

Baummarder sind weitgehend in ganz Europa verbreitet, wobei jedoch z.B. große Teile der iberischen Halbinsel unbesiedelt sind und die Art in Großbritannien nur insuläre Vorkommen aufweist. In Deutschland ist die Art in allen Bundesländern vertreten, wobei das Vorkommen für manche Gebiete schlecht dokumentiert ist. In der Vertikalverbreitung werden Wälder bis in eine Höhe von über 2000 m besiedelt.

Die hauptsächlich nachtaktiven Tiere sind weitgehend an großflächige Wälder gebunden, wobei strukturstarke Wälder gering strukturierten vorgezogen werden. Jedoch sind die Ansprüche an den Lebensraum breit gefächert, können sowohl durch dichte Nadelwälder als auch durch Eichen- und Buchenwälder erfüllt werden. Allerdings sollte die Bodenregion des Bestands so beschaffen sein, dass sie ein ausreichendes Nahrungsangebot an Kleinsäugern, Vögeln, Früchten und Insekten bieten kann, was wiederum bestimmend ist für Habitatnutzung und Populationsdichten des Baummarders. Gelegentlich dringt der Baummarder in vom Menschen bewohnte Zonen vor, ist insgesamt jedoch als Kulturflüchter einzuordnen.

2.2 Iltis *(Mustela putorius)*

Typische Kennzeichen des Iltisses (Abb.2), der kleiner ist als der Baummarder, sind sein helles Gesicht mit der dunklen Maske sowie seine „buckelartige" Rückenlinie. Sein buschiger Schwanz erreicht in etwa eine Länge von 30-40 % der Körperlänge, seine Schnauze ist weniger spitz als die des Baummarders. Männchen sind deutlich größer als Weibchen. Die Fellfärbung des Iltisses ist dunkelbraun bis schwärzlich, jedoch scheint vor allem an den Flanken die weißlich-gelbe Unterwolle durch. Speziell in Südeuropa gibt es jedoch zahlreiche Farbvarianten des Iltisses wie auch verwilderte Individuen seiner domestizierten Form, des Frettchens.

Ebenso wie beim Baummarder erstreckt sich das Verbreitungsgebiet des Iltisses über nahezu ganz Europa, abgesehen von Teilgebieten wie beispielsweise dem Großteil von Skandinavien. In Deutschland konnte die Art in allen Bundesländern nachgewiesen werden, jedoch ist das Vorkommen auch für den Iltis nur unzureichend dokumentiert.

Im Bezug auf die Höhenausbreitung konnte der Iltis beispielsweise in den Alpen bis 1300-1500 m nachgewiesen werden.

Iltisse sind dämmerungs- und nachtaktive Tiere, die sich tagsüber in Fels- und Mauerlöchern, Erdbauen, Scheunen etc. aufhalten. Ausgedehnte Waldgebiete werden von den Tieren gemieden. Im Jahresverlauf werden jedoch unterschiedliche Habitattypen bewohnt und genutzt, wobei reich gegliederte Landschaften und die Nähe zu Gewässern bzw. Siedlungen bevorzugt werden. Die Nahrung des Iltisses, der auch Nahrungsdepots anlegt, besteht unter anderem aus Kleinsäugern, Vögeln, Früchten und Insekten, wobei das Nahrungsangebot eng mit den Bestandsdichten gekoppelt ist. Iltisse können gut schwimmen, tauchen und graben, klettern allerdings ungern.

Abb.2: Iltis
(Quelle: KRÜGER 2011:5)

3 Ergebnisse und Diskussion

In diesem Kapitel sollen nun einerseits methodische Ansätze aufgeführt werden, die sich zum Nachweis und zur bloßen Erfassung von Säugetieren eignen, und weiterhin Methoden vorgestellt werden, mit deren Hilfe sich Abundanzen der nachgewiesenen Spezies feststellen oder zumindest schätzen lassen. Allerdings lassen die Methoden sich nicht immer eindeutig nur einer Verwendung zuordnen. Es werden sowohl direkte als auch indirekte Methoden genannt. Desweiteren soll versucht werden, die Methodik jeweils nach Kosten bzw. Aufwand und Nutzen zu beurteilen. Allerdings kann kein Anspruch auf Vollständigkeit im Hinblick auf die Methoden und deren Bewertung erhoben werden.

3.1 Allgemeiner Überblick

Wie verschiedene Autoren feststellen (WILSON & DELAHEY 2001:151; GESE 2001:372; GOMPPER et al. 2006:1142), ist die Entwicklung von Monitoringverfahren speziell für Carnivoren eine besondere Herausforderung, da diese oft im Verborgenen leben, nachtaktiv sind oder nur weit verteilt bzw. in geringer Dichte vorkommen. Nichtsdestotrotz konnte sich eine Vielzahl an Ansätzen zur Erfassung und Überwachung dieser Tiere etablieren.

Hierbei ist zu unterscheiden in invasive und nicht-invasive Methoden, wobei invasiv den Fang von Individuen beschreibt. Invasive Methoden werden typischerweise angewandt, um die Ökologie der betreffenden Art zu untersuchen. Sie sind aufgrund intensiven Arbeitsaufwandes, hoher Kosten, möglicher Gefährdung der Tiere und anderer Kriterien jedoch unpraktisch, wenn es um ein großflächiges Monitoring geht (GOMPPER et al. 2006:1142). Aus diesem Grund erfreuen sich nicht-invasive Methoden immer größerer Beliebtheit und Anwendung, um Tierpopulationen zu erfassen, vor allem auch dann, wenn seltene oder bedrohte Tierarten im Fokus des Interesses stehen (GESE 2001:396). Nicht-invasive Verfahren reduzieren den Stress, dem die untersuchten Tiere ausgesetzt sind und lassen gleichzeitig die Sammlung größerer Mengen an wissenschaftlichen Daten bei geringerem Zeit- und Arbeitsaufwand zu (O'CONNELL et al. 2011:V). Nach GOMPPER et al. (2006:1142) sind fünf der am Häufigsten genutzten, nicht-invasiven Methoden Fotofallen, Spurfallen, Duftstationen, Schneespurenanalyse und Kotanalyse. Jedoch liefern nicht alle Techniken die gleichen Ergebnisse für jegliche Art von Anwendung. Vielmehr muss stets im Vorfeld geklärt sein, welches Ziel mit dem Monitoring verfolgt wird, welche Spezies untersucht werden soll, wie die naturräumlichen Verhältnisse sind und welche Fragen es zu beantworten gilt (GESE 2001:396). So weisen auch LANG et al. (2011:470) speziell im Fall von Baummarder und Iltis darauf hin, dass sich in Nordamerika zur Erfassung von Musteliden entwickelte Verfahren nicht oder kaum auf Deutschland und Mitteleuropa anwenden lassen. Darauf, dass sich dem Anwender auch im Hinblick auf die Untersuchungsräume spezielle Herausforderungen stellen, weisen auch SIMON et al. (2005b:394) hin. So müssen unter anderem für Iltis und Baummarder „Bezugsräume in der Regel großräumig gewählt werden. Häufig überschreiten die Populationsareale einzelner Vorkommen die Grenzen von Bundesländern, was die Notwendigkeit einer länderübergreifenden Abstimmung verdeutlicht."

3.2   Methoden zur Erfassung der Verbreitung

Folgende Methoden eignen sich, wenn festgestellt werden soll, ob eine Spezies in einem bestimmten Gebiet vorkommt. Nach HARRIS & YALDEN (2004:158) ist es bei Arten wie Baummarder und Iltis sogar das Hauptziel, Veränderungen in der Verbreitung zu verstehen - wichtiger noch, als Veränderungen der absoluten Zahl der Tiere.

Vor Anwendung der Methoden sollte stets geprüft werden, ob das Untersuchungsgebiet überhaupt als potentielles Habitat in Frage kommt. Dies sollte beispielsweise durch die Auswertung von Luftbildern und Karten und den Einsatz von Geographischen Informationssystemen (GIS) geschehen (GESE 2001:374f., LANG et al. 2011:473).

3.2.1 Fragebögen und Sichtungen

Nach GESE (2001:375f.) ist es eine der einfachsten Methoden, Informationen über Tier-Sichtungen von Jägern, Wildhütern, Wanderern, Touristen etc. einzuholen, um einen Überblick über Verbreitung der Art zu bekommen. Tiefergehende Fragebögen an oder Interviews mit kompetenten Personen könnten so auch eine erste – allerdings subjektive - Einschätzung der Häufigkeit zulassen.

Fragebögen lieferten bereits gute Ergebnisse beim Nachweis von Baummarder und Iltis in Großbritannien (GESE 2001:375) und auch bei der Erfassung von Großraubtieren spielt diese Form des passiven Monitorings eine Rolle (KACZENSKY et al. 2009:13).

Die Vorteile von Fragebögen liegen vor allem in geringen Kosten und zeigen sich dann, wenn seltene, aber weit verbreitete Arten großflächig erfasst werden sollen. Allerdings ergeben sich Risiken beispielsweise durch Fehlbestimmungen und geringe Teilnahme an den Umfragen.

3.2.2 Indizien und Hinweise

Können Tiere nicht direkt erfasst werden, muss auf die Analyse von Hinweisen und Indizien (*sign surveys*) zurückgegriffen werden, die für die Existenz der interessierenden Art im Bezugsraum sprechen. Beispiele hierfür sind Kot, Fährten, Kratzspuren, Höhlen und Baue sowie Haare. Voraussetzung hierfür ist jedoch die korrekte Analyse und

Bestimmung der Spuren. Kann diese Methodik vorerst Aussagen über die Verbreitung einer Spezies zulassen, so ist es durch die voranschreitende Entwicklung von DNA-Analyse-Verfahren mittlerweile auch möglich, beispielsweise durch Kot- oder Haaranalysen auf Populationsgrößen und Häufigkeiten zu schließen (GESE 2001:376ff.).

MULLINS et al (2010) wandten solche DNA-Analysen beispielsweise an, um Bestandserfassungen an Baummarder-Populationen in Irland durchzuführen. Analysiert wurden Kot- und Haarproben. Hierbei wurden letztere als geeigneter für ein Monitoring des Baummarders eingestuft, da sie verlässlichere Ergebnisse lieferten und kostengünstiger waren.

Vorteilhaft ist das Auswerten von indirekten Anzeichen nach HOFFMANN et al. (2010:487) vor allem für mittelgroße Säuger, da ebendiese oft nicht direkt erfasst werden können und Hinweise relativ einfach im Rahmen der Bestandserfassung gesammelt werden können. Beachtet werden sollte, dass Indizien wie Fährten, Kot oder Kratzspuren nicht unbedingt mit der Häufigkeit der Tiere korrelieren und dass ein Fehlen von Indizien nicht gleichzeitig das Fehlen der Spezies bedeutet, da sie eventuell einfach nicht gefunden wurden (GESE 2001:378). HARRIS & YALDEN (2004:163) merken auch an, dass die Methodik des Sammelns und der DNA-Analyse beispielsweise der Tierhaare für Freiwillige bzw. unerfahrenes Personal ungeeignet sein könnte, da sie indirekt ist und sich so kein Fachwissen heranbilden kann. DNA-Analysen sind zudem kostenintensiv (LANG et al. (2011:471).

3.2.3 Spurfallen

Eine immer häufiger angewandte Methode stellt die Erfassung der Verbreitung von Arten mithilfe von Spurfallen dar, speziell für das Monitoring von im Wald lebenden Raubsäugern. Allerdings können nur schwerlich Aussagen über die Häufigkeiten von Arten gemacht werden. Die Tiere sollten bei dieser Methode durch Köder angelockt werden und dabei Spuren in der Spurfalle hinterlassen. Die Falle selbst kann beispielsweise aus einer verrußten Aluminiumplatte bestehen, die von hellem Papier überdeckt wird, auf das sich der Fußabdruck des Tieres überträgt (GESE 2001:377). Ebenso kann feiner Sand diese Aufgabe übernehmen (HOFFMANN et al. 2010:487).

GOMPPER et al. (2006) konnten mit dieser Methode gute Ergebnisse bei der Erfassung von Waschbären (*Procyon lotor*), Fischermardern (*Martes pennanti*), Nordopossums (*Didelphis virginiana*), Hauskatzen (*Felis catus*), Fichtenmardern (*Martes americana*) und Wieseln (*Mustela spp.*) erzielen. Die beiden letztgenannten Spezies wurden durch die Spurfallen sogar besser, d.h. öfter erfasst als durch Kamerafallen. Bei den anderen Arten waren aufgrund ihrer Scheu vor den Gerätschaften längere Wartezeiten für die Ersterfassung zu verzeichnen als bei der Verwendung von Kamerafallen.

Auch HARRINGTON et al. (2007) konnten mit Spurflößen gute Ergebnisse beim Monitoring des Minks (*Mustela vison*) erreichen. Bei vergleichbaren Kosten schnitt diese Methode hier besser ab als die Suche nach und Analyse von Hinweisen wie beispielsweise Kot. Unklarheiten gab es allerdings noch, was die Unterscheidung zwischen Mink und Iltis anging.

Schwierigkeiten können sich bei dieser Methode beispielsweise bei der Identifikation der Spuren oder durch klimatische Einflüsse ergeben.

3.2.4 Fotofallen

Eine Variante zum direkten Monitoring von Tieren, die sich aufgrund der technischen Entwicklung immer größerer Anwendung und Beliebtheit erfreut, ist die Anwendung von Fotofallen. Zunutze gemacht werden kann sich hierbei die Möglichkeit, die Kamera durch die zu erfassenden Tiere auslösen zu lassen. Dies geschieht durch den Kontakt der Tiere beispielsweise mit Leinen, druckempfindlichen Platten, Wärme- oder Bewegungsmeldern. Kamerafallen können sowohl genutzt werden, um Vorkommen bestimmter Arten im Untersuchungsgebiet nachzuweisen als auch, um relative oder absolute Abundanzen abzuschätzen. Dies kann insbesondere durch künstliche oder natürliche – wie in Abbildung 3 zu sehen - Wiedererkennungsmerkmale einzelner Individuen erreicht werden (GESE 2001:377f., O'BRIEN 2011:71).

Monitoring mithilfe von Kamerafallen konnte beispielsweise erfolgreich angewandt werden bei der Erfassung von Tigern (*Panthera tigris*)(Abb.3). Hier konnten nicht nur Aussagen zu Dichte und Häufigkeit der Art gemacht werden, sondern selbst Entwicklungs-Trends der Population über lange Zeit erfasst werden (O'CONNELL et al. 2011). GONZALEZ-ESTEBAN et al. (2004) konnten mit Fotofallen gute Ergebnisse dabei erzielen, die Verbreitung des Europäischen Nerzes (*Mustela lutreola*) in einem Untersuchungsgebiet in Spanien zu erfassen und schätzen dieses Verfahren als geeignet zum Monitoring dieser Spezies ein. Auch zur Erfassung von Fischer- und Fichtenmardern konnten Fotofallen erfolgreich eingesetzt werden (JONES & RAPHAEL

1993). Bei dieser Untersuchung wurde sogar darauf Wert gelegt, ein preiswertes Kamerasystem zu verwenden.

Gegenüber anderen direkten Verfahren wie beispielsweise Fallenfang haben Fotofallen einen entscheidenden Vorteil: Es können hochwertige Daten gesammelt werden, ohne das Tier fangen zu müssen und ohne, dass Personal vor Ort sein muss. Weiterhin können die gesammelten Daten in Form der Fotos anderen Experten zur Überprüfung vorgelegt werden (SWANN et al. 2011:27), der Aufwand ist geringer und Tiere zeigen weniger Scheu gegenüber Fotofallen als bei manch anderen Methoden (LANG et al. 2011:472). Nach GESE (2001:378) liegen die Nachteile in der Dauer zwischen Datenerstellung und -akquisition und in hohen Kosten. Allerdings führen O'CONNELL et al. (2011:V) hier an, dass die Kamerasysteme durch die technische Entwicklung und steigende Anzahl von Herstellern immer günstiger werden. Jedoch ergibt sich die Gefahr von Datenverlust aufgrund technischer Störungen wie beispielsweise defekten Triggermechanismen. Der Erfolg oder Misserfolg bei der Arbeit mit Fotofallen ist demnach von einer Menge an Faktoren wie Wetter, Nutzererfahrung oder den natürlichen Gegebenheiten im Gelände abhängig (SWANN et al. 2011:27).

Abb.3: Mithilfe einer Fotofalle erfasste und durch natürliche Merkmale gut zu unterscheidende Tiger-Individuen (Quelle: KARANTH et al. 2011:102)

3.3   Methoden zur Erfassung der Häufigkeiten

Die bisher genannten Methoden sind vordergründig geeignet, um die Verbreitung von Spezies zu erfassen. Durch vermehrten Aufwand und Standardisierung der Techniken – zum Beispiel durch regelmäßige und vergleichbare Wiederholungen - allerdings können sie auch Aussagen über Häufigkeiten zulassen (GESE 2001:378f.). Weitere Methoden, um Abundanz und Dichte von Spezies zu erfassen, sollen nachfolgend vorgestellt werden. Stets im Vordergrund stehen muss bei deren Anwendung die Vergleichbarkeit der Ergebnisse, denn nur so können längerfristig Aussagen über Bestandstrends gemacht werden.

3.3.1 Geruchsstationen

Eine in den USA häufig angewandte, für europäische Arten jedoch kaum getestete Methode, um relative Abundanzen zu schätzen, sind Duftstationen. Hierbei werden Duftköder entlang bekannter Routen der zu erfassenden Tiere ausgelegt, die beispielsweise von Feinmaterial umgeben sind, in denen die angelockten Tiere ihre Spuren hinterlassen. Die Stationen werden über mehrere Tage kontrolliert, woraus sich später Aussagen über die relative Häufigkeit der Art ableiten lassen (GESE 2001:379f.).

MORTELLITI & BOITANI (2008) brachten diese Methode zur Anwendung, um sie für europäische Carnivorenspezies zu testen, und zwar für Dachs (*Meles meles*), Fuchs (*Vulpes vulpes*) und Steinmarder (*Martes foina*). Ziel war es hier allerdings, die Verbreitung der Arten einzuschätzen. Im Ergebnis zeigte sich, dass die Verbreitung des Fuchses stark und die des Dachses mäßig unterschätzt wurde. Für den Steinmarder zeigten sich allerdings erwartungsgemäße Ergebnisse. Die Autoren schlagen vor, dass vor Anwendung dieser Methode eine Pilotstudie sowie eine Kosten-Nutzen-Analyse durchgeführt werden sollte.

GESE (2001:380) sieht die Nachteile der Methodik in der Fehlinterpretation der Spuren, Einflüssen des Wetters, Scheu der Tiere vor den Ködern und im Aufwand.

3.3.2 Kot- und Spurenzählung

Entlang von Routen, welche durch manche Säugetierspezies regelmäßig genutzt werden, ist es möglich, Kotablagerung oder Spuren zu zählen, woraus sich relative Häufigkeiten schlussfolgern lassen. Beide Methoden wurden in der Vergangenheit häufig für Caniden (Hunde) angewandt (GESE 2001:381). Doch auch für Mink oder Fischotter (*lutra lutra*) kommen beide Verfahren zum Einsatz (HARRINGTON et al. 2007:79f.).

Fehler können bei beiden Methoden beispielsweise durch die Fehlbestimmung des Kots oder der Spuren auftreten. Beim erstgenannten Verfahren lassen sie sich durch Anwendung von DNA-Analysen verhindern, was jedoch höhere Kosten zur Folge hat (GESE 2001:381). Desweiteren ist die Methode zeit- und arbeitsintensiv (HARRINGTON et al. 2007:80).

In Gebieten, in denen es regelmäßig schneit, kann das Monitoring auf dem Zählen der Fußspuren im Schnee basieren. Diese Methode ist jedoch stark von den Wetterbedingungen der Untersuchungsregion abhängig (GESE 2001:382; JONES & RAPHAEL 1993:1).

3.3.3 Erfassung von Höhlen und Bauen

Diese Methode basiert auf dem Zählen von Höhlen und Bauen der untersuchten Spezies in einem bestimmten Gebiet. Hinweise wie Kot oder Spuren vor dem jeweiligen Bau können Rückschlüsse auf die ihn bewohnende Art zulassen.

Die Methode ist jedoch arbeitsintensiv und wesentliche Voraussetzungen sind, dass die Tiere Höhlenbewohner sind und ihr Habitat nur wenig von Vegetation bedeckt ist. Dies trifft eher auf Arten zu, die in Steppengebieten oder Tundren leben. Auch ist sie ungeeignet für Spezies, die ausgeprägte soziale Netzwerke bilden und in Rudeln leben (GESE 2001:382f.). Für die Erfassung von Baummarder und Iltis ist die Methode demnach eher zu vernachlässigen.

3.3.4 Ruf-/Stimmreize

Die Methode soll nur der Vollständigkeit halber aufgezählt werden, da sie nur auf Arten anwendbar sind, die durch Lautäußerungen wie Rufe oder Heulen über große Strecken miteinander kommunizieren. Beispiel hierfür sind Wölfe (KACZENSKY et al. 2009:60ff.).

3.3.5 Jagdstrecken und Verkehrsopfer

Nach LANG et al. (2011:470) ist die Auswertung von Jagdstrecken die einzige flächendeckende Erfassungsmethode, die zurzeit auf Marderarten in Deutschland angewandt wird. HOFFMANN et al. (2010:488) zählen diese Methode zu den indirekten

Verfahren des Monitorings von Raubsäugern, GESE (2001:382f.) wiederum ordnet es bei den direkten Verfahren ein. So können sowohl aktuelle als auch historische Jagdstrecken eine wertvolle und wichtige Quelle sein, um sich einen allgemeinen Überblick über die Häufigkeit als auch Verbreitung von Spezies zu verschaffen. Allerdings lassen sich keine sicheren Bestandstrends ableiten, wenn ausschließlich Informationen über Jagdstrecken zur Bestandserfassung verwendet werden. Für Baummarder und Iltis kommt hierbei erschwerend hinzu, dass sie „heute eher zufällig erlegt werden" (LANG et al. 2011:473). Weitere Fehlerquellen liegen in Fehlbestimmungen und nicht oder fehlerhaft übermittelten Jagdstatistiken. Deshalb müssen die vorliegenden Informationen stets sorgfältig geprüft werden (GESE 2001:385).

Bei der Datenauswertung in Bezug auf Tiere, die dem Verkehr zum Opfer gefallen sind, ergeben sich ähnlich Probleme. So wird „grundsätzlich nur ein geringer Anteil der Verkehrsopfer erfasst" (LANG et al. 2011:473) und die Zahl der überfahrenen Tiere hängt von mehreren Faktoren wie der Beschaffenheit des Habitats oder der Verkehrsdichte ab. Dennoch konnte diese Methode bereits erfolgreich zu Erkennung von Bestandstrends bestimmter Carnivoren angewandt werden " (GESE 2001:386).

3.3.6 Scheinwerferzählung

Eine kostengünstige Lösung, um die relative Häufigkeit vor allem nachtaktiver Spezies zu schätzen, ist das Monitoring mithilfe von Scheinwerferzählungen. Dies geschieht entlang von Profilen von ausreichender Länge, wobei die Vegetationsstruktur und Geländeoberfläche des zu untersuchenden Gebietes bekannt sein und berücksichtigt werden sollte. Grund hierfür ist, dass diese Faktoren die Sicht und damit die Untersuchungsergebnisse beeinflussen können. Ebenso ist das Verfahren wenig geeignet für Gebiete, in denen die Dichte der zu erfassenden Tiere sehr gering ist.

Die Scheinwerferzählungen sollten in bestimmten Abständen wiederholt werden, um Aussagen über Bestandstrends zulassen zu können. Erfolgreiche Anwendung fand die Methode bereits beim Monitoring von Waschbären, Rotfüchsen (GESE 2001:386f.) und in Deutschland auch von Wildkatzen (*Felis silvestris*).

3.3.7 Fang, Fang-Markierung-Wiederfang und Telemetrie

Lebendfang als eine direkte, jedoch auch invasive Methode des Monitorings, die zudem arbeits- und kostenintensiv und ungeeignet in Gebieten mit geringer Dichte der betreffenden Tierart ist. Dennoch kann der Aufwand lohnenswert sein, weil sich mithilfe des Fangens, Markierens und Wiederfangens glaubwürdige Aussagen selbst zu absoluten Häufigkeiten von unterschiedlichen Carnivoren machen lassen. Markierungen können beispielsweise Ohrmarken oder Farben sein (GESE 2001:387f.). Nach HOFFMANN et al. (2010:486ff.) ist der Fang mittelgroßer Säuger zwar schwieriger und kostenintensiver als der Fang kleiner Säugetiere, aber dennoch zweckmäßig. Eingesetzt werden können beispielsweise Fallen wie die *Sherman live trap*, die längst zum Standard für diese Art von Anwendung geworden sind. Wichtig ist es, die Fallen – vor allem beim Fang mittelgroßer Tiere – regelmäßig zu kontrollieren, da die Tiere leicht in Stress geraten und sich beim Versuch, sich zu befreien, verletzen können.

Durch den Fang von Tieren ergibt sich weiterhin die Möglichkeit, diese zu besendern und per Telemetrie zu überwachen. Diese Methodik wird seit ihrer Einführung in den 1960er Jahren häufig und für viele Tierarten angewandt und vermag korrekte Aussagen beispielsweise über die Größe der Territorien oder Bewegungsmuster von Tieren zu machen. Für viele Raubsäuger können mithilfe dieser Methode sogar die besten und zuverlässigsten Ergebnisse in Bezug auf die Populationsdichte erreicht werden (GESE 2001:392).

REIMOSER et al. (2010) wandten die Methode der GPS-Telemetrie aber beispielsweise auch bei Rotwild an, um Grundlagen für ein großräumigeres und effizienteres Management dieser Tierart im Nationalpark Hohe Tauern in Österreich zu schaffen. Sie merken an, dass die erfolgreiche Übermittlung der GPS-Positionen unter anderem von Pflanzenbedeckungsgrad, Bewölkung und der Position der Satelliten zum Empfänger abhängt. Die konnten demnach ca. 52% der eingehenden GPS-Daten verifizieren und weiterbearbeiten.

Zur landesweiten Erfassung, wie sie im vorliegenden Fall für Baummarder und Iltis durchgeführt werden soll, ist Fallenfang und Telemetrie aufgrund des bereits genannten mittleren bis hohen Kosten- und Zeitaufwands jedoch eher ungeeignet (LANG et al. 2011:472).

4 Zusammenfassung

Ziel der vorliegenden Arbeit war es, Methoden zu recherchieren und aufzuführen, die zum Monitoring von Tierarten angewandt werden. Das Hauptaugenmerk lag dabei auf Monitoringverfahren für kleine und mittelgroße Raubsäuger, zu denen auch die beiden Musteliden Iltis und Baummarder gehören. Einerseits wurden Verfahren vorgestellt, mithilfe derer sich Aussagen darüber treffen lassen, welche Arten in welchen Gebieten verbreitet sind. Dies ist beispielsweise möglich durch die Anwendung von Fotofallen oder Spurfallen. Desweiteren wurden Methoden genannt, die Rückschlüsse auf die Dichte und die Häufigkeiten bestimmter Tierarten zulassen. Beispiele hierfür sind Geruchsstationen, Jagdstreckenauswertungen oder Fangmethoden.

Die Methoden wurden vorgestellt und es wurde aufgezeigt, für welche Tierarten und unter welchen Bedingungen sie geeignet sind, weshalb bisherige erfolgreiche Anwendungen beispielhaft aufgeführt wurden. Abschließend wurden die Methoden auf Vor- und Nachteile untersucht.

Welche Methoden schlussendlich zum großflächigen Monitoring von Baummarder und Iltis geeignet sind, muss in der Praxis erprobt und sorgfältig abgewogen werden. Limitierende Faktoren sind in vielen Fällen hoher Kosten-, Arbeits- und Zeitaufwand. Jedoch kann nicht unbedingt generalisiert werden, welche Methoden die geeignetsten, günstigsten oder einfachsten sind, da sich während der Anwendung stets neue Probleme und damit eventuell höhere Kosten- und Arbeitsaufwände ergeben können und diese Faktoren zum großen Teil auch von Untersuchungsgebiet und zu erfassender Art abhängen. Der großräumigen Anwendung eines jeden Verfahrens sollten also Pilotstudien und sorgfältige Analysen des Kosten-Nutzen-Verhältnisses vorausgehen, was durch das Projekt „Systematische Erfassung von Baummarder und Iltis in Deutschland als Grundlage für ein praktikables Monitoring" eben zurzeit geschieht.

Literatur

BfN (BUNDESAMT FÜR NATURSCHUTZ)(2010): Monitoring gemäß FFH-Richtlinie.
<http://www.bfn.de/0315_ffh_richtlinie.html> (Stand: 24.11.2010)(Zugriff: 05.02.2012).

BfN (BUNDESAMT FÜR NATURSCHUTZ)(2011): Artenschutzbestimmungen der Fauna-Flora-Habitat-Richtlinie.
<http://bfn.de/0302_ffh_rl.html> (Stand: 11.03.2011)(Zugriff: 05.02.2012).

GESE, E. M. (2001): Monitoring of terrestrial carnivore populations. In: GITTLEMAN, J. L., FUNK, S. M., MACDONALD, D. W., WAYNE, R. K. (2001): Carnivore Conservation. Cambridge: Cambridge University Press & The Zoological Society of London, 372-396.

GÖRNER, M. & DR. H. HACKETHAL (1988²): Säugetiere Europas. Leipzig: Neumann Verlag.

GOMPPER, M. E., KAYS, R. W., RAY, J. C., LAPOINT, S. D., BOGAN, D. A., CRYAN, J. R. (2006): A Comparison of Noninvasive Techniques to Survey Carnivore Communities in Northeastern North America. - Wildlife Society Bulletin, 34, 4: 1142-1151.

GONZALEZ-ESTEBAN, J., VILLATE, I. & I. IRIZAR (2004): Assessing camera traps for surveying the European mink, Mustela lutreola (Linnaeus, 1761), distribution. - European Journal of Wildlife Research, 50: 33–36.

HARRINGTON, L. A., HARRINGTON, A. L. & D. W. MACDONALD (2007): Estimating the relative abundance of American mink Mustela vison on lowland rivers: evaluation and comparison of two techniques. - European Journal of Wildlife Research, 54, 1: 79-87.

HARRIS, S. & D. W. YALDEN (2004): An integrated monitoring programme for terrestrial mammals in Britain. - Mammal Review, 34: 157–167.

HOFFMANN, A., DECHER, J., ROVERO, F., SCHAER, J., VOIGT, C. & G. WIBBELT (2010): Field methods and techniques for monitoring mammals. - In: EYMANN, J., DEGREEF, J., HÄUSER, C. L., MONJE, J. C., SAMYN, Y. & D. VANDENSPIEGEL (Hrsg.) (2010): Manual on field recording techniques and protocols for All Taxa Biodiversity Inventories and Monitoring. – Abc Taxa, 8, 2: 482-529.

JONES, L. L. C. & M. G. RAPHAEL (1993): Inexpensive Camera Systems for Detecting Martens, Fishers, and Other Animals: Guidelines for Use and Standardization. – General Technical Report. Portland, OR: U.S. Department of Agriculture, Forest Service, Pacific Northwest Research Station.

KACZENSKY, P., KLUTH, G., KNAUER, F., RAUER, G., REINHARDT, I. & U. WOTSCHIKOWSKY (2009): Monitoring von Großraubtieren in Deutschland. – BfN-Skripten 251. Bonn: Bundesamt für Naturschutz.

KARANTH, K. U., NICHOLS, J. D. & N. S. KUMAR (2011): Estimating Tiger Abundance from Camera Trap Data: Field Surveys and Analytical Issues. – In: O'CONNELL, A. F., NICHOLS, J. D. & K. U. KARANTH (2011): Camera Traps in Animal Ecology. Methods and Analyses. Springer: 97-118.

KRÜGER, DR. H. H. (2011): Iltisse für die Forschung. – Otterpost. Naturschutzinformationen der Aktion Fischotterschutz e.V., 32.

LANDESJAGDVERBAND SCHLESWIG-HOLSTEIN E.V. (o.J.): Marder- und Iltisforschung. Landesjagdverband Schleswig-Holstein und Universität Kiel und Dresden starten ein Großprojekt zur Erforschung von Mardern. <http://ljv-sh.de/index.php?option =com_content&view=article&id=320:marder-und-iltisforschung-&catid=112: schutzprojekte&Itemid=199> (Stand: 2011)(Zugriff: 04.02.2012).

LANG, J., SIMON, O. & S. JOKISCH (2011): Methoden zum Monitoring von Baummarder und Iltis im Rahmen der FFH-Richtlinie. – Beiträge zur Jagd- und Wildforschung, 36, 469-476.

MORTELLITI, A. & L. BOITANI (2008): Evaluation of scent-station surveys to monitor the distribution of three European carnivore species (*Martes foina, Meles meles, Vulpes vulpes*) in a fragmented landscape. – Mammalian Biology, 73: 287–292.

MULLINS, J., STATHAM, M. J., ROCHE, T., TURNER, P. D. & C. O'REILLY (2010): Remotely plucked hair genotyping: a reliable and non-invasive method for censusing pine marten (Martes martes, L. 1758) populations. – European Journal of Wildlife Research, 56: 443-453.

O'BRIEN, T. G. (2011): Chapter 6. Abundance, Density and Relative Abundance: A Conceptual Framework. – In: O'CONNELL, A. F., NICHOLS, J. D. & K. U. KARANTH (2011): Camera Traps in Animal Ecology. Methods and Analyses. Springer: 71-96.

O'CONNELL, A. F., NICHOLS, J. D. & K. U. KARANTH (2011): Camera Traps in Animal Ecology. Methods and Analyses. Springer.

REIMOSER, F., ZINK, R. & A. DUSCHER (2006): Telemetriestudie: Raum-Zeit-Verhalten des Rotwildes im Bereich der Nationalpark-Reviere im Gasteinertal. Projekt-Endbericht. Wien: Forschungsinstitut für Wildtierkunde und Ökologie.

SCHEIBNER, C. (2011): Systematische Erfassung von Baummarder und Iltis in Deutschland als Grundlage für ein praktikables Monitoring.
<http://tu-dresden.de/die_tu_dresden/fakultaeten/fakultaet_forst_geo_und_hydrowissenschaften/fachrichtung_forstwissenschaften/institute/forstbotanik/zoologie/forschung/Laufend/erfassung_baummarder_iltis> (Stand: 20.09.2011)(Zugriff: 04.02.2012).

SIMON, O. & N. STIER (2005): Baummarder *Martes martes* LINNAEUS, 1758. - In: DOERPINGHAUS, A., EICHEN, C., GUNNEMANN, H., LEOPOLD, P., NEUKIRCHEN, M., PETERMANN, J. & E. SCHRÖDER (Bearb.) (2005): Methoden zur Erfassung von Arten der Anhänge IV und V der Fauna-Flora-Habitat-Richtlinie. – Naturschutz und Biologische Vielfalt, 20: 403-408.

SIMON, O., STIER, N. & J. LANG (2005a): Iltis *Mustela putorius* LINNAEUS, 1758. - In: DOERPINGHAUS, A., EICHEN, C., GUNNEMANN, H., LEOPOLD, P., NEUKIRCHEN, M., PETERMANN, J. & E. SCHRÖDER (Bearb.) (2005): Methoden zur Erfassung von Arten der Anhänge IV und V der Fauna-Flora-Habitat-Richtlinie. – Naturschutz und Biologische Vielfalt, 20: 409-414.

SIMON, O., LANG, J., HUPE, K. & N. STIER (2005b): 13.3 Raubsäuger (Carnivora). Allgemeine Hinweise zur Erfassung der Raubsäuger. - In: DOERPINGHAUS, A., EICHEN, C., GUNNEMANN, H., LEOPOLD, P., NEUKIRCHEN, M., PETERMANN, J. & E. SCHRÖDER (Bearb.) (2005): Methoden zur Erfassung von Arten der Anhänge IV und V der Fauna-Flora-Habitat-Richtlinie. – Naturschutz und Biologische Vielfalt, 20:394.

STUBBE, M. & F. KRAPP (Hrsg.) (1993a): Raubsäuger – Carnivora (Fissipedia). Teil 1: Canidae, Ursidae, Procyonidae, Mustelidae 1. – In: NIETHAMMER, J. & F. KRAPP (Hrsg.) (1993): Handbuch der Säugetiere Europas. Wiesbaden: Aula-Verlag.

STUBBE, M. & F. KRAPP (Hrsg.) (1993b): Raubsäuger – Carnivora (Fissipedia). Teil 2: Mustelidae 2, Viverridae, Herpesditae, Felidae. – In: NIETHAMMER, J. & F. KRAPP (Hrsg.) (1993): Handbuch der Säugetiere Europas. Wiesbaden: Aula-Verlag.

SWANN, D. E., KAWANISHI, K. & J. PALMER (2011): Chapter 3. Evaluating Types and Features of Camera Traps in Ecological Studies: A Guide for Researchers. – In: O'CONNELL, A. F., NICHOLS, J. D. & K. U. KARANTH (2011): Camera Traps in Animal Ecology. Methods and Analyses. Springer: 27-44.

WILSON, G. J. & R. J. DELAHEY (2001): A review of methods to estimate the abundance of terrestrial carnivores using field signs and observation. – Wildlife research, 28, 151-164.